高等院校服装专业教程

服装造型表现

刘重嵘　张　旎　编著

西南师范大学出版社

高等院校服装专业教程

服装造型表现

目录

第一章 服装造型概述

一 服装的概念与特性

(一)对服装概念的认识

服装是人类生活最基本的需求之一。从狭义上讲,服装是人们为防备外界自然环境而对人体提供保护的一种物品,与此同时,随着现代社会生活的日益丰富,服装已不单纯是一种物质现象,它还包含着丰富的美的涵义。从广义上讲,服装能体现出不同社会历史时期的人文精神风貌、政治氛围、经济发展程度、社会价值取向等。服装已经成为一种非语言的信息载体,透露了着装者的气质、文化品位、审美情趣等内在信息,其社会价值、文化价值乃至艺术价值越来越体现于人类对服装的基本需求之上。

(二)对服装特性的认识

1. 功能性与装饰性

服装必须适应人体各个部位基本活动的需要,同时也须符合人体工效学和机能性的要求,具有功能性的特性。随着人类文明和科学技术的进步,在人们物质生活水平提高的同时,服装除了必须穿戴舒适之外,其装饰性同样必不可少。服装造型是对人的形象的再创造,通过服装的装饰,以其别具韵味的设计手段对人体进行显优藏缺,起到修饰、美化的作用。

毫无疑问,服装的功能性和装饰性之间存在着和谐的一面,服装的美也必须同时具备美观与实用,并且与服装内部诸功能完美结合。服装的装饰性依靠实用的功能性而为人感知;同样,服装的功能性也需要仰仗于装饰美的效应,否则,它就过于"朴实无华"。

2. 文化性与商业性

服装文化始终在历史与时代的镜像透视中呈现,像一些东方与西方、传统与现代、礼仪与习俗的文化要素和文明印记,都与服装密切相关而彰显其中,极大地丰富了人类的穿着表现而颇具文化性。服装成为一定历史时期代表性的产物,从某种意义上说这是永远被定格的。因此,服装是具有永恒的文化性。

当今服装作为商品还因庞大的市场需求而极具商业性的特点,面对不同层次、年龄、性别、职业的人群的着装需求,相应的市场定位促使服装的分类变得多样,人们寻求时尚的消费倾向也构成服装产业化的细分,并且,随着人们的着装需求的不断变化,服装的商业性又使其具有流行性的特点。

3. 立体空间性

人体的各种姿势和动作造型都有空间感和立体感,因此,产生了服装宽松部分、离体部分的摇摆、飘逸、膨缩。也就是说,服装是依附于人体的造型设计,并遵循人体的运动规律而存在,这是构成服装立体空间性的关键。服装在满足实用功能的基础上,结合人体形态,利用外形轮廓和内部结构的设计强调人体的优美造型,扬长避短,展示服装与人体结合的完美魅力。不同地区、不同年龄、不同性别的人体骨骼结构特征都不相同,并且,人体在静态与动态中的形态也有区别,服装造型应与人体尤其是着装人体动态的布局相吻合。这些都是服装空间造型变化的依据与基础。

图 1-1 服装之造型要素

(三)服装的基本要素

1. 服装具有一定的形态及空间造型元素

服装造型是对服装内部结构、轮廓、局部细节等诸多设计要素的取舍构成,最能体现设计师的创造表现力与市场驾驭能力。通常需要设计者根据市场调研或从时尚流行趋势信息中捕捉设计灵感,有效地把握服装造型及形态,设计服装内部空间也是服装整体造型的重要组成部分,是支撑服装外部造型不可或缺的重要因素, 如装饰性衣袖造型的局部处理等。(图1-1)

2. 服装具有一定视觉感染力的色彩元素

服装色彩总是率先进入人们的感官系统并使人们对服装的色彩搭配好坏形成初步印象, 服装色彩能在最初的7秒钟之内强烈地吸引住人们的视线。因此,服装色彩是服装造型表达的非常关键的视觉要素。服装色彩搭配是决定服装造型设计成败的重要价值取向。在视觉上,服装色彩既不过分刺激,又不过分单调平板的配色才是协调的。如同谱曲一般,没有起伏的节奏,则平板单调;一味高昂紧张,则杂乱、反常。(图1-2)

3. 服装具有一定的质感元素

服装造型、色彩、工艺以及由此而产生的美的视觉效果,都是通过服装材料这一物质媒介来实现和传达的。服装面料的质地及纹理往往是诠释服装流行主题和设计个性的载体,服装造型表现应重视并准确利用各种材料的质感特性,从而加强服装的表现力,带给人们丰富的视觉想象。

由于服装材料、纤维原料性质的不同、织造方式的不同而产生的特征及感觉, 不同的材质必然塑造出多种服装造型,松软与厚重的服装材料有其自身的量感,不同的质地形态——软、硬、厚、薄、挺括、柔软等在服装中会体现不同的服装造型形态与质感。(图1-3)

总之,服装造型依托人体结构外形的特点来塑造各种平面及空间形态的服装,同时还与色彩环境及面料材质等因素紧密联系。服装造型表现需要从形态、色彩及材质等多个要素进行综合考虑。

图1-2 服装之色彩要素

图1-3 服装之质地要素

二 服装造型的概念

(一)关于服装造型的概念

服装造型(Modeling),指由服装造型要素构成的总体服装艺术效果。服装造型要素的划分:从抽象造型分为点、线、面、形、体、色、质、光造型等;从单品部件造型分为衬衫、夹克、外套、裙、裤造型等;从服装的外部轮廓造型分为字母型、物象型、几何型造型等;从服装的内部款式造型分为衣领、衣袖、口袋、下摆、省道造型等等。

影响服装造型的元素包括外轮廓元素、内轮廓元素、装饰附件元素等,服装造型元素借助于色彩及面料特性和工艺手段,塑造一个以人体和面料共同构成的立体的服装形象。从广义上讲,服装造型设计包含了从服装外部轮廓造型到服装内部款式造型,包括结构线、省道、领型、袋型等设计范畴。从狭义上讲,服装造型设计更倾向于服装的外部设计,即服装的外部轮廓造型设计。

服装造型设计不仅仅是外部造型的变化,同时,服装内部造型的变化也对服装的整体造型有着重大的影响,是服装设计的"中场灵魂"。

(二)服装造型的本质与目的

服装造型是依据不同着装需求,对既有形态的分解和重新组合,使用具有不同形态特征的元素,并进行不同性质与方式的组合,使服装从外形轮廓到内部结构产生丰富多样的款式变化。事实上,服装造型设计的本质之一即是建构一种功能与审美双重需要的内部空间,人们穿着服装时真正享用的是服装的内部空间形态,它能给人空间体验的不同感受,并能彰显与突出服装的造型特征。

服装造型总是万变不离其宗,均以人体为核心和载体进行构思与设计。从人的着装目的出发,人们穿衣不外乎是扬长避短,显现人体之美、掩饰人体的不足,为改变人体的自然形态而进行的装饰活动,而现在的人穿衣的目的是在美的基础上增加了体现自己的个性特征、文化品位、社会地位等的要求。也就是说,服装造型的目的就是表现人们自我的自然表现、强调表现和夸张表现。自然表现是对人体的自然呈现,服装造型美感与人体结构舒适度密切相关;强调表现是在服装造型中对人体的某些部分进行刻意的强调和突出,如适当地增大裙摆的宽度来表现腰臀之间的对比;夸张表现是对人体某些部位的服装造型进行夸张处理,形成强烈的视觉效果,如加裙撑使裙摆明显膨起,夸大腰臀比例关系等。

三　服装造型的基本形态

无论生活化的成衣服装还是高级定制的时装,服装造型千变万化,但万变不离其宗,服装造型的基本形态离不开点、线、面、体的组合。在服装的局部与整体造型设计中,点、线、面、体都被赋予了一定的"形、色、质"的特征,因此,服装造型呈现出灵动悦目的视觉空间效果。

(一)服装造型中"点"的表现

1. 点的性质

点在造型中常能表现出一种"力"的聚集而成为视觉的中心。服装中布局一"点",人们的视线会不由自主地集中到这点上,使人感到其内部具有膨胀和扩张的潜力,从而起到强调和点缀的作用。

2. 点造型的构成形式

服装造型表现点可以由服装形态或添加的服饰品等来塑造。

其一是通过服装形态的塑造呈现具有点形态的造型点,如肩头、侧腰处等形成的较小的点造型,能够吸引人的视线,起到集中、醒目的作用。(图1-4)

其二是通过辅料或饰品的添缀、镶嵌来表现的装饰性较强的点,服装造型中的前胸装饰、腰扣、蝴蝶结、胸花、领结以及小面积而集中的形态都可作为点,广义上理解,着装配饰等也可看作是一种点造型的表现。(图1-5)

3. 点造型的表现形式

在服装造型设计中,"点"是立体的,点的构成既有宽度,又有深度,构成形式多种多样,有大小、形状、色彩、质地等因素的变化。

不同大小比例及数量的点会给人以不同的感觉。正装、职业装常用较小的点呈现精致的品质感与含蓄,时装礼服常用较大的点凸显别致与情调。

图 1-4　服装造型表现的点形态变化

图 1-5　运用辅料饰品装饰表现的点造型

点的布局如果在服装的正中位置,能产生中点对称的视觉效果;而适当偏离正中位置,可以使外形对称的服装活泼一些,表现出一定的韵律美感。

服装中的点运用色彩来呈现,如深色上的浅色"点"、浅色上的深色"点"的对比呈现,色彩使点在形量上的大小对比中具有更强烈的聚向感。

此外,服装造型表现的点还可以进行轻重、自由、严谨、虚实、单独或反复等形式的组织处理。(图1-6)

图1-6 服装造型中点的大小位置布局

(二)服装造型中"线"的表现

1. 线的性质

服装设计的造型和结构都是由不同性质的线条组合而成的，包括服装的轮廓线、剪辑线、装饰线、褶裥线以及服装各部件的造型线。服装造型千变万化，但服装式样的演变和时尚款式的推出，都是凭着对线条的运用而完成的。

2. 线造型的构成形式

线造型的构成形式可以概括为两大类：

其一，主要运用服装的廓形、折叠缝合、分割、褶裥等表现线的形态，也可理解为"造型线"。服装的结构、分割、缝迹、廓形、衣褶都体现了线的特征，线在

图1-7　服装造型表现的线形态变化

服装上的运用，根据人体结构、活动功能的需求，通过造型的外形线、内形线及线的不同的线性等形式来表现。服装设计形态美的构成，无处不显露这些造型线的创造力和表现力。（图1-7）

　　其二，服装的衣褶都体现有"线"的特征，即服装造型的"律动线"。服装线条在动静、疏密变化中取得和谐统一，组成了服装优美的形态。服装静止时和运动时会展现出不同的空间轮廓线。如，大衣悬挂在人台上时呈现静态的轮廓，包括肩部线、袋形线、腰线、臀线、袖曲线等，都显得较为平整。当旋转人台时，大衣则展开了伞形的衣摆，同时衣摆的起伏形成了许多自由的波浪线，大衣在动态中出现了富于变化的新的轮廓线。古希腊人的服装通过自由褶裥的形式产生了许多垂直线条，给人长度增高、向上运动的感觉，使人们穿上后显得修长、文雅，就是对"律动线"的一种很好的运用。（图1-8）

图1-8　随人体动态表现出造型线的律动

其三,运用嵌线、镶拼、手绘、绣花、镶边等工艺手法来表现线的形态,也可理解为"装饰线"。比如,在牛仔裤口袋上缉以装饰性的线条花纹,且线的色彩醒目,有助于完美地体现服装的整体造型。(图1-9)

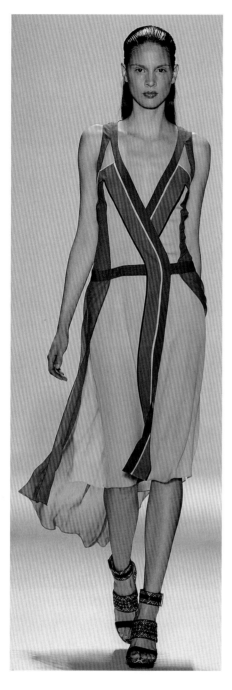

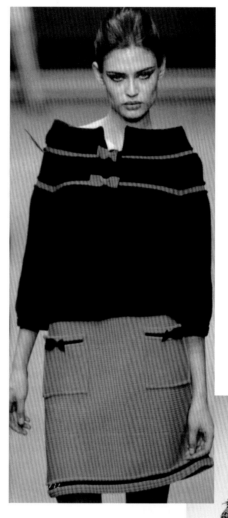

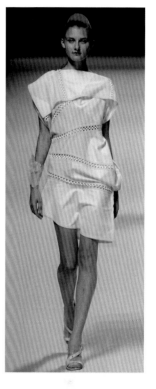

图1-9 运用镶边等工艺表现出装饰线

3. 线造型的表现形式

服装中的线造型不仅局限于单纯的、平面的线，而应从整体上理解为一种立体的线的概念。除了长短、曲直之外，线的表现形式还可以有厚度、宽度、面积、形状的变化，线造型在方向上或平行或交叉。性质各异的线经过组合能够产生节奏感、视错感，垂直线、水平线、斜线、曲线、断节线，还有各种组合的线条等，运用得当能增强服装美感，有助于体现服装特有的情趣。

线造型的表现形式丰富，运用流苏的线条造型引导视觉向下滑动；运用服装剪接分割、打褶等，形成流动的线造型，加强服装层次感、活跃感；断节线可以作为口袋边角、领口、下摆处的装饰，也可以由线迹构成一定的图案，如由点串联而成的虚线，没有实线那么明确，却十分柔和。

一些类似腰带、彩条、垂缀、挂饰等长短粗细不一的"装饰线"，因宽窄粗细的差异，使对比的程度有所不同，也构成了线造型的表现。（图1-10）

图1-10　暗褶、切割等多种形式表现的线造型

(三)服装造型中"面"的表现

1. 面的性质

服装中的面是由一定面积的形态组成,面是服装的主体,是最强烈和最具量感的一个元素。面是具有一定广度的二维空间。面的切割、组合以及面与面的重叠和旋转,都可以产生各种新的面。

2. 面造型的构成形式

面造型的构成形式主要有两种:

其一,服装造型是通过呈现出面的变化所构成,服装的面通过不同面料的层叠或相同面料的色彩变化等可以产生更多的面,在服装中呈现面积、明暗、肌理等不同面的形态特征。现代服装设计常将衣服各部件视为几个大的几何面,这些面按比例有变化地组合起来,构成了服装的大轮廓。然后在大轮廓里根据功能和装饰需要,作小块面的分割,如育克、袖克夫、口袋等均可看作是面造型。(图 1-11)

图 1-11　面造型的表现

其二,运用辅料、图案等装饰来展现"面"的变化。服装中面积较大的图案、整块衣片的色彩镶拼以及由辅料装饰形成的衣片等均可看作是面。(图 1-12)

3. 面造型的表现形式

服装中最基本的形面有方形、三角形、多边形、圆形等规则的面;一定的形、量因素变化也会产生不规则的面。大的形面,视觉的量感就充足;小的形面,视觉的量感就微弱,这主要是因为形面的大小是由空间距离感所导致的,它们各自具有不同的特性和不同的适用范围。

直线构成的形面一般具有硬朗、紧凑、单纯的性质,如方形、三角形的面。其中,正方形因有对称的四个直角和四条边,就构成其稳定规范的形状;长方形因宽窄不同比例的变化,显露出生动而平稳的形态关系;三角形因各个角和边的设置变化,形成不同的形面感受:对称相等的正三角形具有特别坚固的形面感,因角和边的大小、长短变动而形成的其他三角形,则有着跃动和锐利的感觉。

曲线构成的面明显含有顺畅圆润的柔性，比如，有着各种曲度的圆的形面，曲度单纯有圆满完美之感；椭圆形呈现舒展流畅的生动趣意。此外，由直线与曲线组成的形面，因其不同的线向性质，也就造成了直曲兼容的局面。

　　当然，色彩因素也能引起有关形面的视觉强弱。同样的形面，呈暖色、对比色、黑白色、鲜色、亮色的就容易凸显，而呈冷色、调和色、灰暗色的就容易弱示。不同的形面可以形成不同的"轻"、"重"效果。（图1-13）

图1-12　装饰面的表现

图1-13　直面与曲面的造型表现

(四)服装造型中"体"的表现

1. 体的性质

服装中体的造型感是指服装中具有一定形量的空间形态,一些衣身中体积感强、有较大的零部件明显突出整体,或局部处理凹凸明显的体造型能使服装更有分量。由于服装依附于人体进行造型设计,人体有正面、背面、侧面等不同的体面,还有因基本活动而产生的变化丰富的各种体态。服装造型中应注意到不同角度的体面形态特征,使服装能够合身适体,并使服装各部分体面之间的比例达到和谐和优美。因此,服装所表达的体的概念,是以一种综合形态出现的。

2. 体造型的构成形式

服装的空间感是体造型的体感表现。不同裁剪和工艺方法,不同面料质地等都会使服装呈现多彩多姿的"体"造型。其构成形式概括为两种:

其一,通过塑造衣身形廓或夸张服装零部件造型展现的"体"。例如,运用折曲、翻转、裁剪、系结等制作方法,将材料进行层叠、堆积、打褶,强调从人体三维视角出发,表现不同个性的"体"的视觉形态。(图1-14)

图1-14 通过层叠表现的体造型

其二,使用服饰品或利用附件塑形材料造型等方面表现出来的"体"。比如使用裙撑、填料、撑垫物作为造型辅助,还可使用不同的连接、切割、搭接、穿插等以形成服装的各种不同量感、触感、光影、色彩的体造型变化。(图1-15)

3. 体造型的表现形式

体的表现形式在服装中还有硬与软、厚与薄等感觉的变化表达。单纯的体,结构形态简单,支撑点和转折面少,比如方形体、三角形体、圆体。复杂的体,其结构形态繁复,支撑点和转折面多,例如一些多面体、多棱体、混合体等。体的设计可以与大自然的形态相关,也可与人造的物象有关。自然界中呈现的体,形态趋向精微复杂,如山、石等。在人为造物的体态中,其结构形态则包含了各种具象、抽象的复杂精密和简练精巧的形态,倾向于考究、完美的表现特性。

"硬体"的设计主要是选用坚实挺括的质地,如皮革、金属、塑料、硬麻、厚呢料一类的质料,配合直线形面、宽粗线条和重色冷色等的表达,作为硬化服装体的因素。

"软体"的设计,一般由纱、绸、丝、绢、麻、针织、布等轻柔飘逸的面料质地,以及曲线形面、窄细线条和浅色柔和色调等设计形成。(图1-16)

图 1-15　皮草饰品表现的体造型

值得强调的是，在服装造型设计中，对点、线、面、体的运用没有绝对的界限，要视其形的相对大小而论。例如，一个立体花型的前胸设计在服装上不仅可以看作是一个体，也可以看成整体服装造型的一个点；一个弧形造型的层叠裙摆既可看成一个面，也可认为是一个体。点给人聚光醒目的感觉，线则呈轻柔和流畅的魅力，面则给人以饱满、均匀的感觉，而由面构成的体则给人以空间的深远感。在造型设计中，创造美的具有生命力的服装形态需依靠设计者的艺术修养和对立体形象的直感能力。

图 1-16　硬体与软体的造型表现

四 服装造型的形式美

服装造型的表达遵循着形式美的内在规律，形式美法则是对人们现实生活中各种美的形式概括和集中反映，是各种服装造型美所具有的共同特征，加强了服装造型艺术的感染力。

(一)比例

比例是体现服装造型整体与局部、局部与局部之间长度与面积之间的数量比值关系。当这种比值关系在视觉上相互平衡时，就达到了美的统一和协调，产生的形式美感被称为比例美。例如，上下装的比例，肩宽与衣长的比例，内部服装与外部服装的比例，局部领、袖、装饰物配置之间的比例，内部形态分割的比例，多层次的服装比例关系等。优秀的服装设计都表现出其各构成要素间和谐的比例关系。(图 1-17)

图 1-17 服装造型的上下比例

(二)层次

通过多层面料、多个服装部件或多件服装的错落与叠压产生层次感、增加厚重感的同时，使服装具有向三维空间拓展的视觉效果，避免单层面料过于平面化的单调感。层次的多少要适度，且部位要适当，如衣领、袖口、门襟、裙摆、裤口、袖窿等部位，适合体现服装造型的层次美感。（如图1-18）

(三)节奏、韵律

节奏、韵律本是音乐的术语，指音乐中音的连续，音与音之间的高低以及间隔长短在连续奏鸣下反映出来的听觉感受。在造型艺术中，节奏、韵律指造型形态、色彩等要素在长短、大小、间隔、方向上张弛有度的排列，使视觉在连续反复的运动过程中感受一种宛如音乐般美妙的旋律，形成视觉上的韵律感并引起注目的因素。这种变化的形式可以是有序式节奏也可以是无序式节奏，这两种韵律的旋律和节奏不同，在视觉感受上也各有特点。在服装设计中能体现节奏效果的形态很多，如点的大小强弱聚散、分布的面积，线的曲折缓急变化，面的大小、形状变化等，都能体现出服装的节奏美感。在设计过程中要结合服装风格巧妙地应用，以取得独特的韵律美感。（图1-19）

图1-18 服装造型的层次

图1-19 服装造型的有序式节奏、无序式节奏

(四)平衡

一个整体中对立的各方面在数量或质量上相等或相抵后呈现的一种静止状态。平衡可以是对称式平衡或非对称式平衡。对称式平衡是左右完全对称,可表现出端庄、安详感,给人四平八稳的感觉。非对称式平衡,虽然形式上不对称,却保持着重心的平稳感,这种设计的左右两边在大小或形状或位置上均可不同,不过通过设计元素之间的相互呼应而能使人感到均衡。(图1–20)

(五)强调

强调意指服装造型中分量较重、较为突出的方面,通过某一部件的形态、颜色或某种材料质感的重点渲染,增强服装造型艺术的感染力。具体表现为:服装局部造型对某一方向的强调、对服装造型量感的强调、对造型形态的强调等。(图1–21)

图 1–20 对称与非对称式的服装造型

图 1-21 服装造型的方向强调、形态强调、量感强调

思考

1. 服装有哪三个基本要素？

2. 服装造型的本质是什么？

3. 如何将点、线、面、体运用于具体的服装设计塑造上？

4. 服装造型表达的基本原则包含哪些？

5. 举几个例子谈谈服装中点、线、面、体具体的表现形式。

练习

1. 运用点、线、面、体四种元素进行服装造型设计各 5 款

要求：运用点、线、面、体的排列和组合来表现服装造型款式形态的变化，简要说明设计，以线稿表现形式为主。

2. 根据服装造型的形式美法则分别进行服装造型设计各 5 款

要求：以线稿形式表现服装造型的比例、层次、节奏、平衡、方向强调及形态强调等形式变化，简要说明设计。

第二章　服装整体廓型表现

一 服装廓型的概念

服装的空间形态由服装的外轮廓、内结构和零部件三大造型要素构成。服装外轮廓的造型简称"廓型",是服装空间形态的整体形象,也是造型创意最为突出的地方,它体现服装的时代风貌和造型风格,其变化蕴涵着深厚的社会内容。设计者通过对服装外部造型进行组合、变形、衍生,产生出新的视觉效果和新的情感内容。

(一)服装廓型的概念

服装廓型(Clothing Silhouette),是服装的外部轮廓造型的简称,指的是着装后外轮廓所呈现的整体形态,体现整个衣服造型、着装姿态以及所形成的风格,是服装造型特征最简洁明了、最典型概括的记号性表示。服装外轮廓型可以简洁、直观、明确地反映服装造型的形态特征。

服装廓型同样具备性格特征,比如,H形服装廓型简练干练;O形服装廓型饱满活泼。不同服装外部廓型会对观察者的心理产生一定的感官刺激,形成联想,从而赋予服装以一定的性格个性和情感表现力。(图2-1)

(二)影响服装外轮廓造型变化的因素

影响服装外轮廓造型变化的因素有很多,分为内部因素和外部因素。内部因素包括人们的审美理想、人体审美部位的变化、审美文化传统、审美形象的变化、服装使用功能等。服装廓型的每一次变化,都是功能在比例上的调整,如不同的服装面料、服装风格都对服装的廓型有一定的影响。外部因素包括政治因素、经济因素、战争因素、社会因素和科技因素。不同时期,不同环境,不同社会状况,使服装功能的侧重点也有所不同,因而廓型美感也各不相同。

1. 不同时期政治经济的影响

服装廓型的变化,是被生活在某一时期的人们共同追求的审美意识所驾驭的。纵观服装演变的历史,人们不断地改变着服装外部轮廓造型,探索服装廓型与人体之间的关系。每一个年代都有其代表性的廓型并引领着这一年代的女装流行风貌。例如,在战争期间,由于人力的缺乏和战时的需要,女子的裙装变短,简洁、男性化的衣装成为流行。而当第二次世界大战结束,20世纪50年代迪奥公司推出了新造型女装——"新样式"(New Look),其花瓣般的外造型轮廓,使人们重温久违的、优美的女性曲线。因此,50年代西方服装界接连不断推出的新的女装造型正好适应了当时人们向往美好、渴求美好的审美理念。(图2-2)

图2-1 不同服装廓型的变化

图2-2 不同年代的服饰造型

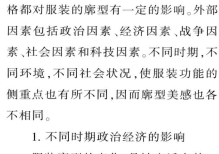

2. 东西方审美文化差异的影响

由于文化传统不同,人们对服装廓型的审美要求也不同。传统的中华民族服饰,由于受到中国特有的审美价值、道德规范的影响,其造型基本上以宽松的筒形为主,无论是秦汉的深衣,还是魏晋南北朝的宽衣博带,乃至唐宋时代的袍服,即使是夏季酷暑,也穿三重衣,不显人体轮廓。几千年来,东方服装以装饰工艺的隆重和精致为主,没有从立体的造型凸显人体的特征。东方服装充分发挥着遮盖人体凹凸的体态的作用。

欧美等西方国家的服装外显而张扬,服装廓型由平面到立体,凸显着人体形态的美感。欧洲文艺复兴以后,服装廓型更是极端而激进,男装通过填充面料而加宽上体、减弱下体的外轮廓型,使男子显得魁伟、勇猛。而柔美、纤弱、秀丽则被认为是女性美的特征。因而,女子服装紧箍胸腰,撑大裙摆,如盛开的花朵一样,这种至刚至柔的服装廓型,一直延续了好几个世纪,反映了西方人的审美取向。(图2-3)

图2-3　东方服饰与西方服饰比较

二　服装廓型的关键部位

服装造型离不开人的基本体型,因此,服装的外廓型的变化不是盲目的、随心所欲的,而是依据人体的形态结构进行新颖大胆、优美适体的设计。服装的外型线离不开支撑服装的肩、腰、臀线。因此,外型线变化的主要部位是肩部、腰部、底边线和围度。

(一)腰部

腰位线位置,这是决定服装造型上下比例的重要因素,腰线可在乳房下的高腰位到臀围线附近的低腰位之间移动,分为高腰身、半高腰身、自然位、半低腰身和低腰身。在前后关系上,还有前高后低、水平或前低后高之倾斜变化。腰的松紧度是廓型变化的关键,形成束腰型与松腰型。

(二)肩部

肩线的位置、肩的宽度、形状的变化会对服装的造型产生影响。如袒肩与耸肩的变化,基本上都是依附肩部的形态略作变化而产生新的效果。不同的宽度的组合形成截然不同的视觉形象,可分为肩宽摆、肩宽窄摆、自然肩宽摆、自然肩窄摆、窄肩窄摆等几种。80年代盛行的宽肩服装则是服装肩部造型的一大突破,给优雅秀丽的女装注入了新的气质与魅力。

(三)底摆

底摆是构成服装外轮廓廓型改变的主要部位,其形状变化丰富,是服装流行的标志之一。服装底摆线形态变化,如收紧与放开的变化、单层与多层的变化、对称与非对称的变化等。

三 服装廓型的基本类型

由于服装不同部位的内空间量比例设置的不同,会产生截然不同的服装廓型变化,服装整体廓型一般分为字母型、物象型及几何型三种基本类型。

(一)字母型表示方法

以字母命名的服装廓型是 20 世纪 50 年代法国设计师迪奥首先提出来的。在 26 个字母中最基本的是"A"形、"H"形、"O"形、"T"形和"X"形。字母型表示法的主要功效是以最简单的方式,最直观地将服装廓形的特征传递出来。

1. "H"形

"H"形的特点是直线造型,平肩,不收腰,筒形下摆,放宽腰围,强调简约、修长,宽松舒适而又不失严谨庄重的特点。有意将肩部用垫肩增加宽度和高度,使肩部呈现出一种直角的轮廓线。1925 年"H"形廓型相当流行,1954 年由法国迪奥正式推出,1957 年再次被法国设计师巴伦夏加推出,被称为"布袋形"。"H"形廓型通常用于大衣、男装、居家服等设计,一般通过材质肌理、配件服饰点缀和内部分割等细节突破造型的严谨。(图 2-4)

"H"形的变化在于其长和宽的比例不同,所构成的外廓型的表情和名称也千变万化,宽松的"H"形强调肩部造型,胸部、腰部松量较大,松垮的猎装、西装套装(尤其是裤套装),箱形的上衣、外套等,外观呈现出一种松垮的大"H"形轮廓。例如,布袋形,窄"H"型肩、胸、腰的放松量较小,服装比较合体。以具有 20 年代特色的直腰线的迷你裙样式为主,包括试管型,铅笔型中长风衣或外套。(图 2-5、图 2-6)

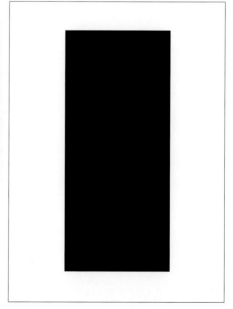

图 2-4 "H"形服装廓型

图 2-5 宽"H"形的服装廓型

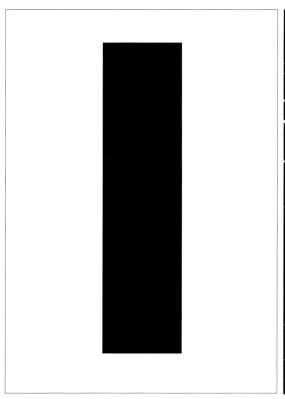

图 2-6 窄"H"形的服装廓型

2. "O"形

"O"形是两头小中间大的外形轮廓,肩部呈落肩式,腰部松量大,底摆处收拢。休闲、舒适、随意,以腰、臀部空间量的放松和扩张为主,形成富有童趣的服装轮廓。圆润的肩部、放松鼓起的腰部加上收紧的下摆,使服装呈现出蚕茧形的外轮廓。让经历了几年直线条、方形的服装的服装界感到一丝新意。特点是腰部松量较大,肩部呈落肩式,肩线与袖子呈现出完美的弧度,袖子也包括无袖、灯笼袖,底摆处收拢,呈两头小中间大的外形轮廓。表现形式还有裹缠式样式,远看就像是一个蚕茧轮廓。"O"形廓形服装主要包括茧形轮廓和方形轮廓。(图 2-7)

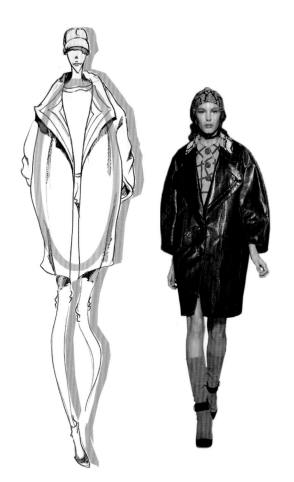

图 2-7 "O"形服装廓型

图 2-8　茧形的服装廓型

图 2-9　方形的服装廓型

"O"形加长后成为"茧形","茧形廓型的胸腰放松,底摆逐渐收拢呈弧形。服装整体较强的体积感、中间大两头小蚕茧样式的外形轮廓,都使服装呈现出 50 年代的优雅。(图 2-8)

此外,"O"形增宽缩短后又成为"似方形","似方形"胸腰底摆一致相等,肩部圆滑,常见如斗篷短大衣。(图 2-9)

3. "T"形

"T"形的特点是洒脱、大气,富于男性气息。臀内空间量依次递减,就形成"T"形服装轮廓。服装通过泡泡袖、灯笼袖或附加装饰物等加宽肩部的手法,搭配紧身的裙或紧身裤的造型,使服装呈现出"T"形轮廓。主要包括宽"T"形轮廓、窄"T"形轮廓和上圆下直形轮廓。(图 2-10)

(1)宽"T"形

宽"T"形同样强调肩部造型,腰部略为宽松,底摆收紧,或搭配紧身裙,使服装在总体外观上呈现出宽"T"形廓型。(图 2-11)

图 2-10 "T"形服装廓型

图 2-11 宽"T"形服装廓型

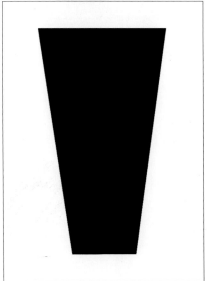

图 2-12　窄 "T" 形服装廓型

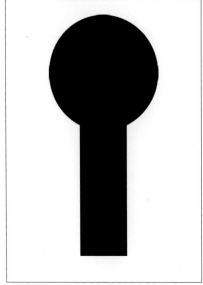

图 2-13　上圆下直的服装廓型

（2）窄 "T" 形

窄 "T" 形是肩部加宽，线条明显，腰部收紧，下装基本搭配紧身裤子或紧身裙，总体廓型呈倒梯形，营造出干练的女性形象。（图 2-12）

（3）上圆下直形

上圆下直形是上身体积较大，由泡泡袖或披肩等构成，腰部收紧，下配紧身短裙，底摆窄，讲求体积对比的均衡感。宽大的袖子或夸张的领子来塑造如气球般的上半身廓型，与紧身的铅笔裙或紧身裤形成一种比例关系上的均衡。（图 2-13）

图 2-14　"X"形服装廓型

4. "X"形

"X"形是强调收腰的经典女装轮廓,最具优美、柔和、流畅的典型女性魅力的特点,呈现完美自然的曲线形态。"X"型产生于欧洲文艺复兴,1947 年迪奥新风貌"New Look",也称为"8 字形"或者是"花冠形",20 世纪 90 年代再度流行。

"X"形的上下两个三角形的顶点重合在腰线上,上体部和下体部明确分开,特别是下体部的变化更具特色。曲线化状态,两个顶点重合的三角形任何一条边的弯曲变化,都会改变"X"形的表情。其变化大体分为线条外凸形成的伞形、圆屋顶形、沙漏形,以及使用了裙撑的膨胀形和外凸曲线上局部内凹的钟形、喇叭形、流线型、"S"形等。

"H"形与"X"形的共同点在于前者的中央横线和后者的中央交叉点均位于腰线上,随着时代的变迁,流行的更替,这两种分别代表男女两性的外廓型也常相互交流。"H"形的两条直线向内凹时趋于"X"形,"X"形的交点变宽时(腰身放宽)就趋于"H"形。迪奥 1955 年推出的"Y"形也可分解为"X"形的上半部与缩小的"H"形的下半部之结合。(图 2-14)

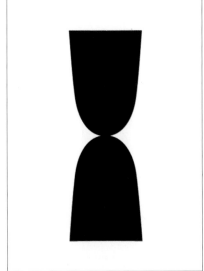

图 2-15 沙漏形的服装廓型

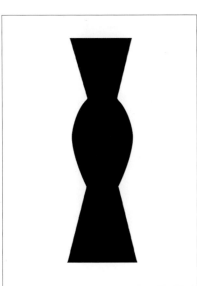

图 2-16 美人鱼形的服装廓型

（1）沙漏形

沙漏形特点是上身饱满呈横向，腰、底摆短而平。面料方面凸显一种奢华感，色彩上也比较清新明快，体现出可爱柔媚的风格。（图 2-15）

（2）美人鱼形

美人鱼形是"X"形的一种衍生，其特点是在沙漏形廓型的基础上从小腿部分开始向外展开，从外观看来像鱼尾状。2005 年以后女装的沙漏形有别于以往沙漏形服装的妖艳，通过凸出女性的胸、腰、臀部曲线来体现女性的成熟魅力，极像上世纪 50 年代服装体现出来的自信与优雅。（图 2-16）

图 2-17　上圆下圆形的服装廓型

（3）上圆下圆形

上圆下圆形特点是服装借用腰部皮带等装饰物将腰部收紧，使服装上半部分与下半部分都呈现出球状轮廓。服装实际上是将较为宽松的服装样式通过腰带将腰部进行收紧，使服装呈现出由两个圆组成的外形轮廓。上圆下圆形类似"8"字形轮廓，体现女性可爱优雅的一面。（图 2-17）

5. "A"形

"A"形的特点是活泼潇洒、流动感强、富于活力。上衣合体下装散开成三角形廓型。适用于男装披风、女装喇叭裤等款式设计。变形体有圆台形、等腰梯形等。

"A"形具有向上的矗立感，洒脱、华丽、飘逸，用于男装可充分体现男性的威武、健壮、精干；用于女装既能显示女性的高雅、伶俐，又富有柔中带刚的男性化气质，体现出现代女性的个性和性格。"A"形下摆稍加变化，例如，高腰宽下摆裙、斗篷等样式的服装都会呈现这样的廓型，给人轻松活泼的感觉。（图 2-18）

图 2-18　"A"形的服装廓型

031

图 2-19 窄"A"形的服装廓型

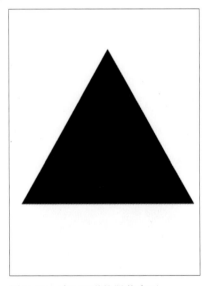

图 2-20 宽"A"形的服装廓型

（1）窄"A"形

窄"A"形好似拉长的尖三角形，有极强的修身作用，袒肩或露肩，用于波西米亚风格连衣裙、宽大的喇叭裤等款式，极具东方民族情调。（图 2-19）

（2）宽"A"形

宽"A"形肩部圆润，宽大衣摆较为缩短，廓型近似正三角形，常用于底摆放开的斗篷、短大衣等。（图 2-20）

图 2-21　物象型的服装廓型

(二)物象型表示方法

　　物象型表示方法就是用人们日常生活中耳熟能详的物品的剪影形状来对服装的廓型进行命名和分类。例如,郁金香形、翼形、酒杯形、汽球形等等。这类表示方法的分类与前两种分类方法比较而言更随机。随着时间的推移,会出现很多新的名词来对廓型进行定义。

　　由百般变化的具象物体形态概括后,得到具有某种物象特征的优美外轮廓,借鉴到服装廓型设计中,如茶壶形、帐篷形、葫芦形、钟形、郁金香形、酒杯形等,还可借鉴具体物象,如 2009 年 McQueen 服装作品中运用犀牛的形象进行服装廓型的塑造。(图 2-21)

(三)几何型表示方法

利用简单的几何模块进行组合变化是比较直接的获得服装造型的一种方法。一般情况下,由于空间形态和服装造型存在着许多共通性,所以在服装造型设计中,可以将分解与重组后的几何型,结合服装造型的特点及人体工效学原理加以嫁接、引用。

几何型廓型可以是单个的,也可以是多个的。通过交叉运用结合、相接、减缺、差叠、重合、图底等方法,创造出不计其数的新的服装造型设计,为服装的整体外部造型带来无穷的设计思路和灵感。几何型有平面和立体之分。平面的几何型主要有三角形、方形、圆形和倒梯形;立体型包括长方体、锥形体和球形体。(图2-22、图2-23)

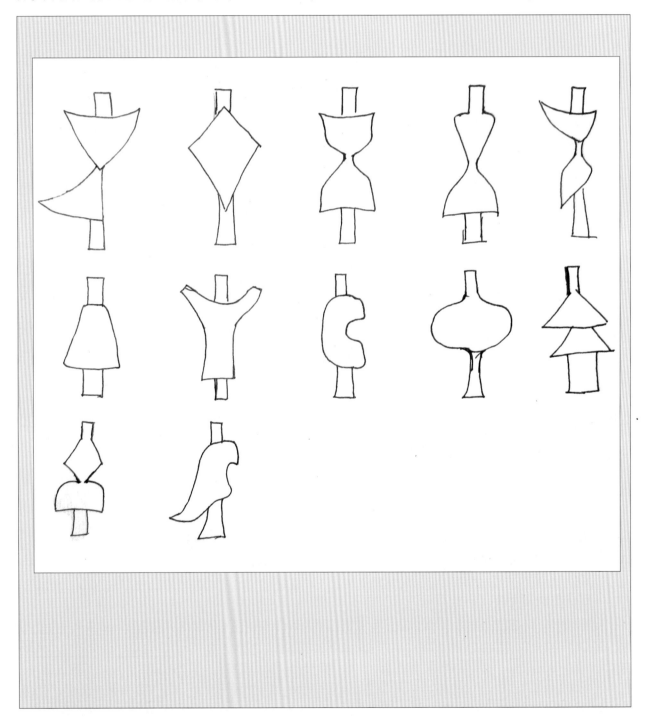

图2-22 服装的几何型组合

图 2-23　几何型的服装廓型

思考

　　1. 20 世纪的服装廓型如何演变？经典的"H"、"X"廓型分别产生于哪个年代？

　　2. "H"型、"X"型、"A"型、"T"型、"O"型基本廓型的特点？如何进行变化？

　　3. 影响服装廓型变化的因素有哪些？

　　4. 决定服装外轮廓型变化的关键部位？可以做哪些变化设计？

练习

　　1. 服装作品基本廓型收集与分析

　　要求：对同一品牌的高级成衣或高级时装作品进行廓形图文分析，10 套以上，外轮廓以剪影的形式标示在下方，标出该品牌及年份。

　　2. 服装外廓型设计练习

　　要求：运用字母型或物象型或几何型进行四款服装设计，女装、男装、童装均可，效果图形式表现，A4 大小。每套黑色廓型图示标在下方。

第三章　服装局部造型表达

一 服装局部造型的概念

(一)服装局部造型的定义

服装的局部造型主要包括与主体服装相配置和相关联的部分。相对于服装整体造型而言,它主要是指领、肩袖、腰、胸部、背部、下摆及口袋等造型,此外,也包括开叉、分割线、褶等细节的造型。

服装局部造型是对服装廓型分解组合的形态支撑,契合着实用功能和审美取向的要求。由于服装的廓型与结构常常假借局部部件来强化造型,因此,服装的局部造型是对服装空间形态的细节补充,是体现流行元素、丰富服装造型设计的重要途径。

(二)服装局部造型与整体造型的关系

服装的局部造型与服装的主体造型构成了一套完整的服装,作为服装内部空间形态的组成部分,如领、肩袖、背部、前胸等人体部位的造型要素,对服装内部功能性空间及装饰性空间的效用发挥起着至关重要的作用。

服装局部造型,并非只强调一条结构线或者是一条边的变化,局部造型的变化并非孤立存在,而是配合服装整体造型的需要来设计,从客观的角度来把握服装局部与整体造型的协调性,追求功能性与审美性的完美结合,从而满足消费者在多种情境与审美中的需求,这既是一种思维方式,也是一种创作方法。

二 服装局部造型

服装局部造型表达是运用局部的设计元素相互配合,透过质地、形状与色彩等设计元素共同塑造整体服装形象,服装局部造型强调有主有次,各个局部造型之间相互协调,否则会显得服装造型杂乱无序。

(一)领部的造型

1.领部造型要点

由于服装的领部造型最接近脸部,因此,往往是人们一开始就会看到的服装部位。人体颈部的形态是一个上细下粗的不规则的圆台体,从整体上看,颈部处在自然状态时有一定的前倾,这种特征决定领子成型后的锥度与外观造型。领型以各种领线为基础,配合不同的领宽、领深、领内外弧线的形状、大小、高低、翻折等产生各不相同的领部造型。领部的造型与风格便能得到极大的丰富。

2.领部的基本造型

领型主要有无领、立领、翻领、驳领四大类。每种基本领型又可分出若干种不同风格的领型。如,立领有垂直型立领、内倾型立领和外倾型立领之分;驳领有平驳头、枪驳头之分,还可与翻领结合设计成翻驳领样式等。同时,一种基本领型衍生出来的各个领型的美的效应也有所差异,比如,枪驳头领型就比平驳头领型更具外向性,比较适合男装或较干练的服装。领型不仅体现服装的美感,而且在很大程度上充实完善了服装的风格。如,具有古典风格的西方拉夫领;具有浪漫风格的荷叶边领;具有休闲风格的连帽领等。

图3-1 无领的造型变化

（1）无领的设计

无领是只有领圈而无领面的领式，具有简洁的特征，能充分显示人体颈部线条的美感，有利于佩戴颈饰。造型变化主要是由领宽、领深及领口外弧线的变化决定的。无领的变化形式有圆形领、V形领、方形领、U形领、船领、一字领、锯齿形领等等。（图3-1）

（2）立领、连立领的设计

立领的领面呈竖立状态，穿着时耸立于人的脖子周围，并与颈部保持一定间距，具有端庄、典雅的视觉效果。由于立领近似颈部形状，设计时应以人体的颈部结构为依据。

立领有垂直式、外倾式、内倾式三种形态。如旗袍的立领既有垂直式，又有内倾式，效果较为含蓄内敛；外倾式立领视觉效果挺拔而夸张，装饰性强。

连立领指从衣片延伸加长至颈部的一种立领，通过收省、抽褶等手法实现。在欧美国家，立领被看做是具有东方情趣的领式。随着现代服装时尚的引导，传统的立领与当今流行元素巧妙结合，创造出极具特色的时尚服装。（图3-2）

图3-2　立领、连立领的造型变化

（3）翻领的设计

翻领指领向外翻摊的领式，由领口单独产生翻折的领。平贴领指只有领面而没领座、平贴在肩部的领形，它适合儿童脖子短的特点，广泛应用在童装设计中。翻领领面的大小宽窄及领口线的形状是造型关键。领外边线、领宽的设计形式灵活。造型时随着领子的宽窄、形状的不同呈现出千变万化的领款。（图 3-3）

（4）驳领、翻驳领的设计

驳领是指衣领和驳头连在一起，并向外翻折的领式，由领座、翻折线和驳头三部分组成，其不同形状组合产生驳领造型形态。如，西装领就是典型的驳领，有枪驳领、平驳领等。

翻驳领是翻领和驳领组合而成的一种领型，领面比其他领型大，外形流畅，大方。视觉上起到阔胸、阔肩的作用。如，夹克、风衣等也常采用翻驳领造型。（图 3-4、图 3-5）

图 3-3　翻领的造型变化

图 3-4　驳领的造型变化

3. 领部造型的变化方法

衣领的设计除了领口的变化外，还可以运用各种装饰工艺来丰富它们的变化。如果在不同的领线上进行各种工艺修饰，如包边、加牙、缀花边等，还能产生更加丰富的装饰效果。

（1）塑造领部造型的内外层次

从领子造型的层次入手，改变领子一贯的单层视觉效果，用两个或多个领型共同来诠释领部造型，会使内外造型具有丰富的层次感。例如，内部的翻领与外部的无领结合、双层领片等形式都可以起到强化领型的作用。（图3-6）

（2）改变领部造型比例

领型的长短、大小、宽窄比例的变化都可以成为塑造领型的突破口，例如，一个枪驳头领型拉长或缩短领子的长度，形成一种新的驳领造型，使传统的职业装更为时尚。整体放大或缩小领的宽度比例，同样可以获得意想不到的领部造型。（图3-7）

（3）通过压褶、抽褶等塑造领子造型的立体化

通过压褶、抽褶等方法对普通的领型进行装饰，能虚化原有平板单调的领型，产生起伏变化的领部造型效果。（图3-8）

图3-5　翻驳领的造型变化

图3-6　增加领部造型的内外层次感

图3-7　改变领部造型的长短、宽窄、大小比例

图3-8　领部造型的立体化塑造

（4）通过镂空、刺绣等装饰领部形态

镂空、刺绣等手法能改变原有领型外观，具有美化作用，多用于儿童、少年装的衣领细节，是极妩媚的领型变化方法。（图3-9）

（5）运用基础领型的着装状态变化造型

在日常穿着中，基础领型的着装状态不同也会产生许多新颖的形态，可运用它们的变化创造出新的领部造型。（图3-10、图3-11）

图3-9　领部造型的装饰

（二）肩袖的造型

肩袖处的造型，由于袖片与衣身处理的廓型及结构线条不同，现代服装衣袖的类别更为多样，按袖子的不同部位及结构各有细分。

1. 袖口的设计

袖口造型是袖子乃至服装整体造型不容小觑的部位。手是肢体活动最为频繁的部位，因此，袖口造型随双手的活动而展现的姿态势必会引人注意，它能体现强烈的功能性与装饰性。如，窄小、封闭型内部空间形态的袖口造型往往被应用于工装或出于保暖功能考虑的冬

图3-10　运用基础领型的着装状态变化造型

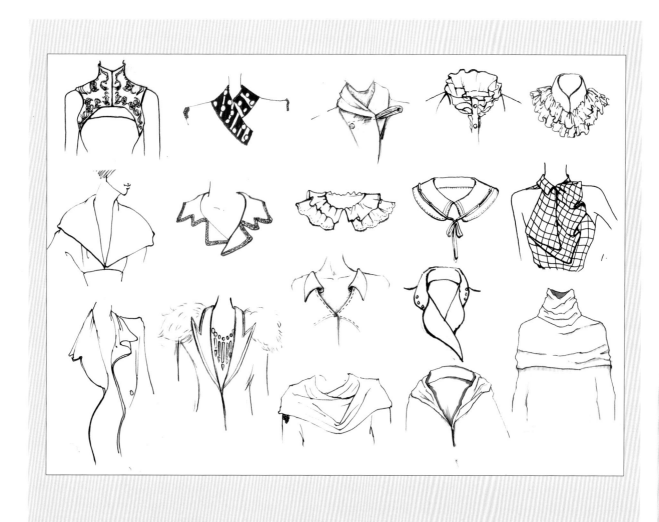

图 3-11　领部造型的设计 (沈艺苑 余佳慧 陆叶青 叶青青)

季服装，也或者是基于空间体量对比变化而产生视觉刺激等需要。而宽松、开放型内部空间形态的袖口造型，经常是作为特殊功能需求或出于装饰性作用而被广泛应用于时装类的服装之中。(图 3-12)

2. 袖山的设计

袖山造型是袖型设计中受肢体活动影响相对较小的部分，因此，它比较适合从装饰性空间角度进行设计变化，袖山的高度可与肩平齐，也可以高于肩部形成耸起的袖山造型，还可以低于肩部形成落肩袖造型，带给人们丰富的视觉感受。

比如，采用拼接的形式可以塑造出立体的、棱角分明的袖山造型，并装饰以简洁的几何块面组合，体现极富建筑空间感的袖山造型。又如，英国新锐设计师贾尔斯·迪肯(Giles Deacon)对袖山内部以填充、充气等造型手段塑造了圆润而又富有厚重感的装饰性空间。(图 3-13)

图 3-12　袖口造型变化

图 3-13　袖山造型变化

3. 袖身形态的设计

袖身造型是最富于变化的部位，由于上肢的活动主要来自肘关节，因此，袖身造型设计必须以满足袖肘部位的活动空间体量为前提。袖身造型有紧身袖、直筒袖、膨体袖等类型，对于紧身袖，较多设计师习惯采用弹性面料来满足肘部活动的空间需求，也可以用巧妙的造型结构来替代材料的弹性功能，获得与众不同的造型特征。如，郁金香袖、马蹄袖等袖身处造型的巧妙设计，既满足了肘部活动的需要，又获得了良好的视觉感受。（图 3-14）

图 3-14 袖身造型变化

4. 袖笼弧线的变化

袖笼弧线有包肩和落肩、弧线与直线等变化形式,包肩式加宽了原有上臂的宽度,有阔肩的作用。落肩式处理方式常用于休闲服装,体现自然随意的效果。(图3-15)

5. 肩袖造型的变化方法

(1)肩部的扩展设计

通过突破原有人体的自然肩线形态,对肩部造型进行空间上的扩展设计,这种肩袖造型可以获得奇妙的视觉美感。(图3-16)

(2)肩袖与衣身造型的连接设计

肩袖部分造型不局限于肩袖部分,还可以向衣身延伸,并与衣身相结合,这种跨部位的造型往往能扩大肩部的体量感,增强服装上体的气势。(图3-17、图3-18)

图3-15 曲线与直线式袖笼弧线

图3-16 袖造型在肩部的扩展设计

图3-17 肩袖与衣身造型的连接设计

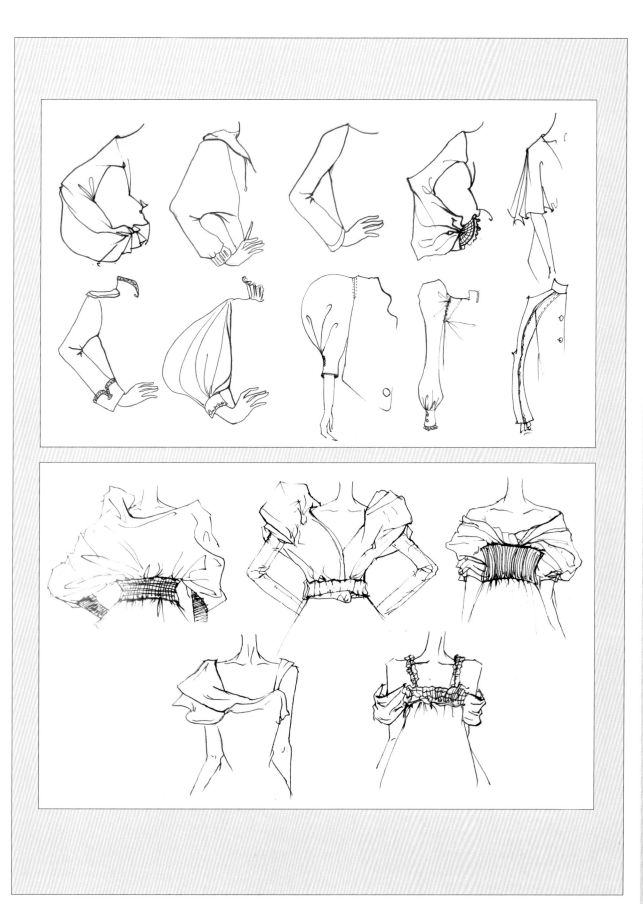

图 3-18　袖子造型的变化设计(叶箐箐　罗顿　马婷)

(三)前胸及门襟的造型

前胸及门襟造型处于服装造型的视觉主体部分,往往在服装整体造型中占据主导地位,分量较重。衣身开口的边缘称为门襟,它是服装为满足人们穿脱舒适的需求而设计的,有时门襟会与前胸造型一并进行设计。门襟的开合功能需要通过一定的连接设计完成,比如用拉链、钮扣、绳、带、金属钩、魔术贴等辅材进行连接设计,方便衣片开合。前胸部分的造型,可以利用布料的层叠翻转来强调立体轮廓,表现时尚而不失庄重的套装便是以这种装饰为标志,体现女性大度、干练的气质。

1. 门襟的造型

(1)门襟的形状及位置

门襟设计在前中心线上,形成对称的、朴素的美感,在西装、制服、便装设计中是普遍适用的表达方式,所形成的视觉效果比较端正、稳重,而偏门襟设计则打破了单调的对称形式,具有一定的动感,时尚而富有韵律。

门襟边缘形状变化丰富,直线形门襟给人以保守、恪守礼节、循规蹈矩的印象;弧线形的门襟具有一种圆润、柔和、舒缓、精致等视觉特点;几何形门襟的装饰效果较强烈。(图3-19)

从门襟开合的位置变化上看,除了常规的前中式门襟外,还衍生出肩式门襟、肋下式门襟两种。肩式门襟既满足了方便实用的设计要求,同时也为胸前的美化留出了更多空间,其肩部门襟的工艺与扣饰,也令备受人们重视的肩部成为了设计的重点和视觉的中心。肋下式门襟隐藏的开合方式,主要满足了现代女性对于身体曲线感的美化要求,紧收的腰节曲线在隐式拉链的配合下,将现代人的着装理念深刻地表达出来。此外,各种花式门襟更是不拘一格地移动门襟位置,自由自在地置放开合门襟,一般不考虑实用需求,而演变为一种表达人们情感的设计符号。(图3-20)

图3-19 门襟的形状变化

图 3-20 前中式、肩式、侧开式门襟位置

（2）门襟的数量

在门襟数量上作变动也是一种方法，并没有实际功用。比如，添加对称形状的装饰性双排门襟带给人高贵、富丽及庄严、气派的精神感受。在外层门襟叠加面料、色彩与整体相协调的里襟，减少着装件数的同时又显得配套且具有丰满的层次感。隐藏出口而无门襟设计大大简化了服装外部形态，是简约主义风格的表现手段。（图 3-21）

2. 前胸的造型变化

前胸作为衣身正面的主体，其造型在服装整体轮廓内部形成视觉焦点，在前胸处进行变化，能起到鲜明醒目的强调作用。对称式前胸造型平稳而侧重于一边的前胸造型，能引导视线对这一部位形态的注意。此外，前胸处常用翻转、压褶、打皱等手法打破传统的单一层次，实现其局部造型的变化。

（1）前胸的翻转造型

前胸的翻转造型是运用布料的翻转形成立体的、雕塑感极强的前胸造型，突出女装人体曲线美感的同时，也呈现出女性大度、干练的气质。

图 3-21 双层门襟

（2）前胸的压褶造型

前胸的压褶造型是以各种压褶形式营造前胸极其含蓄微弱的起伏变化，这种形式视觉效果精致而富有层次，适合正装或日常礼服类的前胸设计。（图3-22、图3-23）

图3-22　前胸的翻转、压褶造型

图 3-23 前胸及门襟的造型设计(王亚慧 袁飞雁 任静文 罗頔)

(四)腰位的造型设计

腰位造型是上装或下装以及连体服装均需要考虑的连接设计,它大致分为造型类腰位设计、辅料类腰位设计。造型类腰位设计是通过布料的塑形形成腰部装饰,如,用褶皱、镶嵌、刺绣或线状材料编织等形成对称或非对称的腰部造型变化。辅料类腰位设计可通过腰扣、腰带等附加装饰形成局部造型的亮点。(图3-24、图3-25)

图3-24 腰部的造型变化

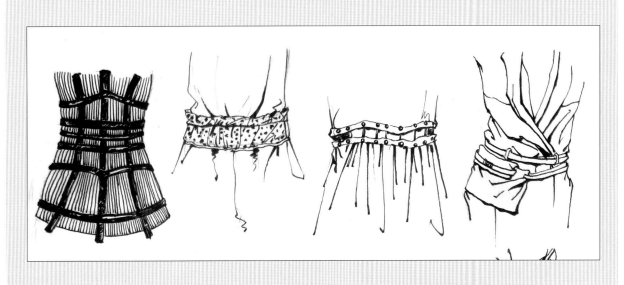

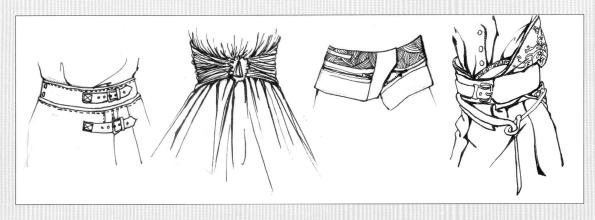

图 3-25　腰部的造型设计(沈艺苑 陆叶青)

(五)背部的造型设计

背部是运动肌肉比较多的部位,一般注重功能性和舒适性,而很少加入别出心裁的设计。这使得一件漂亮的衣服在翻转到背面以后,显得寥然无味。衣服背部设计宛如一篇文章或小说的结尾,构思最好是生动的而且留有意味的,又要与整篇文章或小说格调一致。

特别是在优雅简洁的礼服中,各种背部造型充分展现了女性的风情,其中以露背的设计尤为广泛,甚至必不可少,如深"V"形、深"U"型、吊带式、单肩式、镂空式、垂褶式等。传统唐装女子向后倾的背部,细镶边,构成庄重典雅、文静贤淑,后仰的领型即使服装在背部从领子到下摆成一条直线,也显得挺拔玉立。日本的半裸露的和服立领使整个服装庄重而不拘谨。

设计大胆的露背款式在日常生活中也逐渐为人们所熟悉和接受。作为衬托头部,显示气质的重要区域,服装的颈背部是人的侧面和背面形象中的重要环节,将它融入到整体设计中可以创造出服装新的风貌。(图 3-26、图 3-27)

图 3-26　背部的造型变化

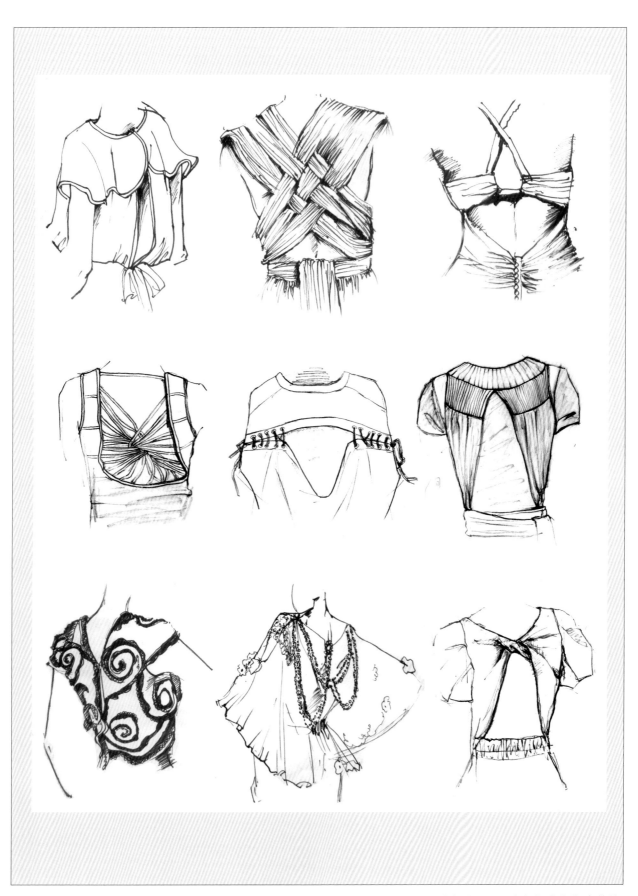

图 3-27　背部造型的设计变化(沈艺苑　余佳慧)

(六)底摆的造型

　　套装或裙装的下摆部位也可以成为一整套服装造型的重要视觉焦点,尤其是对于款式较为简洁的服装,如果在衣摆或裙摆处巧妙构思,布局一些别具匠心的造型形态变化,往往会得到意想不到的完整效果。比如,前短后长的形态变化、单层到双层的变化、不对称形态变化等等。(图 3-28、图 3-29)

图 3-28　衣身底摆造型的变化

图 3-29 衣身及裙身底摆造型的设计(余佳慧 马婷 龚晓 吴婷婷)

三　服装造型的细节表现

　　服装局部造型由诸多的细节元素组成。造型的细节表达最能体现出一套服装的品质感与时尚度。服装局部造型常常运用口袋、开叉、分割线、褶等细节相互配合,共同塑造完美的服装整体造型形象。

(一)口袋的造型

　　口袋属于比较小的造型。它需要依据人手掌的宽度,并考虑装零用物品等功能性。口袋的位置、形状、大小、材质、色彩变化丰富。造型结构较自由,有贴袋、插袋、立体口袋和装饰性假口袋等多种变化形式。(图3-30~图3-33)

图3-30　贴袋的形态位置变化

图 3-31　插袋的形态变化

图 3-32　立体口袋的变化

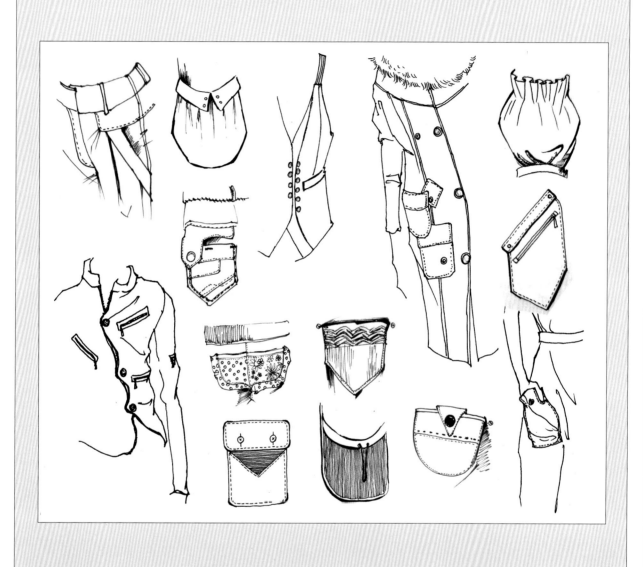

图 3-33 口袋的造型设计(沈艺苑 袁飞雁)

(二)开衩的造型设计

开衩(Slit)是为了满足人体可动性需求而设计的,指长而细窄的开口,开剪后不缝合的形式,这种最简单的工艺手法被广泛地应用在各种款式的服装设计当中,成为当代服装的一个重要细节构成因素。

开衩通常呈纵向切开,因为在摆缘处开缝可以使修长、合身的款式增加运动量,结合一定的局部款式,形成生动的设计点,常见有中背后开衩的燕尾服、双开衩西装,而侧缝开衩是旗袍的标志性细节。开衩出现的形式多种多样,如,衬衫袖开衩、休闲装两侧开衩、裤脚开衩、袖口开衩等等。套头式的毛衫上由领口到肩部的开口我们也把它视为开衩的一种,还有很多通过其他手段变异了的开衩形式。由此可见,开衩除了具有增加运动量、便于活动和帮助造型的实用功能外,它还具有增强服装细节美感的装饰性功能。(图 3-34)

(三)分割线

分割线作为服装造型中最常用的细节变化形式,其变化形式是多样的。在分割比例恰当的基础上,要符合流行趋势,并且合身、舒适。按设计目的,服装的分割线又分为两种:一种是结构分割线,它可以取代收省的作用,能同时满足人体结构的需要;另一种是装饰分割线,最大限度地表现出美化装饰造型的需要。(图 3-35)

图 3-34 开衩的设计变化

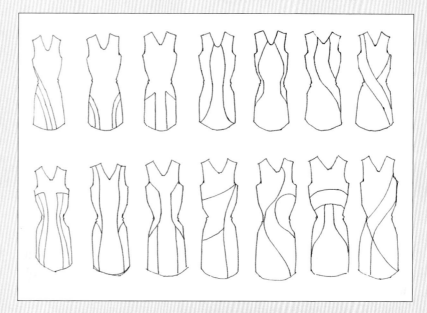

图 3-35　分割线的设计

063

1. 结构分割线

结构分割线更多是出于满足人体立体形态的需要。如，公主线、背缝线可显示人体侧面形体；侧缝、肩缝分割线可变化出服装体形不同的厚度感。常表现为肩缝线、袖笼线、领窝线、背中线、侧缝线等。牛仔裤后片上的育克，都是将某些省量转移到其中的结果。连身袖腋下的分割则纯粹是功能性的分割，主要是为了增加活动量，使得连身袖满足手臂的运动要求。分割设计要与面料的性能相结合，特别在使用弧线变化分割时，必须注意面料的质地与织地是否会散开。布质过薄、过厚或悬垂性强的织物，因缝线与织物的牵引力不匀易造成服装不平整，不便缝合，应采用较少的分割。（图3-36）

图 3-36　结构分割线

2. 装饰分割线

装饰分割线以美化造型为主，分割线的布局能凸显出服装局部细节精致的同时，也能掩饰人体不足之处。根据具体的服装造型选用合适的分割走向，垂直分割线使服装给人以修长、挺拔之感。水平分割线有加强幅宽的作用，使服装给人以柔和、平衡、连绵的印象。斜线分割的关键在于倾斜度的把握，动感明显。弧线的变化分割是一种结合人体的省道，变化分割的弧线使人感到柔和、优美、形态多变。不受垂直、水平、斜线交错等约束的自由分割，能使人感到新奇、刺激，使服装款式呈现出丰富多彩的变化。

此外，造型的分割线有时既具有结构性，也具有装饰性，并将服装廓型内的整块面料分成若干明显的分块面的线条，形成"开刀线"，增加服装的层次感、立体感，使局部与整体之间产生间隔和节奏。（图3-37）

图 3-37　装饰分割线

图3-38　省道的设计

(四)省道的设计

省道,亦称省、省缝、省位,指为了使服装适合人体体形曲线而省略的不必要部分,是服装造型中使平面布变成立体服装时所采用的方法之一。每种省道在服装结构设计中所起的作用也不相同。因此,根据省道的使用目的和表现特点可以将省道分为普通省道和特殊省道两大类。(图3-38、图3-39)

普通省道是使服装达到合体效果时所使用的基本手段。常用的普通省道有肩省、胸省、腋下省、腰省和背省等,以封闭省居多。

特殊省道是在普通省道的基础上进行转化而产生的。设计师为了追求巧妙的且具有创新性的设计,将普通省道转化成特殊省道的表现形式,比如,分割类特殊省道,即将多余布料裁剪掉而形成的省道。服装内在省道的设置和变化,由于省道的形状、位置以及数量的不同,对于服装的造型也会产生不同的效果。

图3-39　省道的变化

省道的运用使平面的布料变成立体的服装造型，通过把披挂在人体上的多余布料打褶抽裥向内折进，服装会更加合体。省道一般随服装廓型的需要而变化，省道的造型又可以分为橄榄省、丁字省、开花省、平尖省和弧形省等，省道的方向、长短、数量等的调整会使服装造型更加突出。

(五)褶裥与褶皱的设计

"褶"的概念最为广泛，在服装中以抽、捏、叠、堆等工艺方法使衣料产生凹凸的纹理即为"褶"。纹理全部被定型、部分定型或完全不定型都可称为"褶"。

"褶裥"以捏、叠、压的方式制成，通常指整个褶纹被定型的褶。褶裥静态时可以整体或局部收拢，动态时可展开，不同于省道的缝合固定。此外，褶裥也有明裥、暗裥、对合裥、顺裥等形式。(图3-40)

"褶皱"则是衣纹表面所呈现的通常为不规则的、细小的褶。依据加工工艺的不同，"皱"可分为两类：一类是机器褶皱，即在面料织造时对经纬线采用加捻等方法，使成品表面呈现抽缩、细皱等起皱外观，不需要后加工制皱。另一类为加工褶皱，即在面料上以抽缩、缝缀、压烫等方法，形成凹凸的肌理，以改变材料原来的外观。(图3-41、图3-42)

从立体视觉的形态来看，几乎每个褶皱在形式上各有大小、方圆、高低、长短、粗细、正斜、曲直等特性。受面料与造型的双重影响，褶皱在质感上亦有刚柔、厚薄、轻重等特征。受人体活动摆布，褶皱在动态趋势上也各具疾徐、动静、聚散等造型特点，加上体量感、触觉感、节奏运动感、线条感、肌理感、光影感等变化，在纷繁的差异性中褶裥和褶皱这两种形式便形成具有极其丰富的造型形态。

图3-40 褶裥的造型变化

图 3-41 褶皱的造型变化

图 3-42 褶裥与褶皱的设计(熊钰 李丝缘)

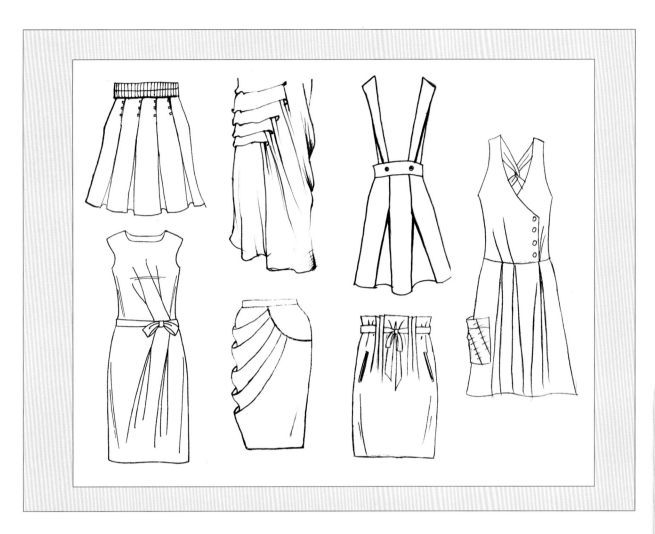

思考

1. 服装局部设计应注意哪些问题？如何与服装整体造型相呼应？

2. 衣领分为哪几种类别？各自有何特点？

3. 衣袖分为哪几种类别？视觉效果有何特点？请举例说明。

4. 门襟有哪几种表现形式？对称式与非对称式门襟有何特点？

5. 服装的分割线有几种形式？如何变化？

6. 褶裥与褶皱在服装造型中的表现特点有何不同？

练习

1. 衣领、袖、门襟局部设计练习

要求：根据所学的服装局部分类与特点，分别设计3款衣领、衣袖、门襟，黑白线稿为主，简要设计或工艺说明，A4大小。

2. 口袋、背部、开衩的局部设计练习

要求：根据所学的服装局部分类与特点，分别设计3款口袋、背部、开衩，黑白线稿为主，简要设计或工艺说明，A4大小。

3. 服装分割线设计练习

要求：运用直线分割、曲线分割、水平分割等设计5款服装，标出设计说明。黑白线稿为主，A4大小。

4. 褶裥与褶皱的设计练习

要求：根据所学褶裥、褶皱的分类与特点，分别设计5款服装，标注设计说明，黑白线稿为主，A4大小。

第四章 服装造型构思与思维方法

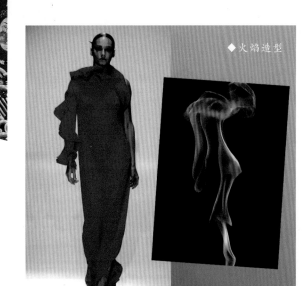

◆火焰造型

◆虫壳造型

◆蝴蝶造型

图4-1　从自然万物中获得服装造型灵感

服装造型的构思是对所选素材进行形态特征等的概括，提取契合服装设计意图的造型元素，并与具体形、色、质结合来表现。毋庸置疑，服装造型设计中最引人入胜的阶段就是造型构思，它要求我们掩卷凝思，把从生活材料里所蕴藏的自然的和社会的认识价值及审美价值综合起来，继而通过人与物的组合，揭示出服装特征，并表达生活的发展趋向和设计师的内心理想以及美感情趣。因此，造型构思应该是服装设计思维中最活跃的阶段。

一　服装造型构思的灵感来源

造型构思的灵感是指人们创造力高度发挥的突发性思维，是思想高度集中、情绪高涨、思维成熟而突发出来的创造能力。社会、历史、艺术等生活中所有可见的题材都可以成为服装造型元素的灵感源泉。构思时从造型的总体需要展开取舍与合并，寻找采集素材中与造型形态之间相互吻合的类似元素，在似与不似之间组成全新的造型。

(一)从自然界中寻找造型灵感

借用自然界中丰富多彩的动物、植物或其他物体的形状，将服装赋予物体的外观造型，成为服装设计的灵感源泉。服装造型设计中常常将抽象或具象的自然物体或景观表现在服装造型上。

如图4-1分别是从蝴蝶、虫壳、火焰获得造型灵感的服装作品，采用"拟物"的造型方法，表达出一种或甜蜜或诡异或另类的设计风格。无论在服装的形态结构、穿着效果和视觉感受上，都达到了一种自然和谐的效果，让婀娜摇曳的身姿在行走间浮游流动。

(二)从历史服装的造型中寻找造型灵感

从漫长的服装历史中寻找新的造型元素也是一种获得灵感的巧妙方法。东西方服装随着历史的流逝在社会生活中不断自发地演变出各种多姿多彩的服装造型，吸取并提炼历史服装中独具特点的造型元素，可以赋予服装造型新的面貌。如图4-2，英国17世纪后半叶从宫廷服装的造型中得到灵感源泉，体现了古典庄严与高贵雅致的服装造型，传统服饰细节和西式紧腰身造型的有机结合，巧妙地挪用和夸大使该造型既显得时尚又不失文化内涵。

图 4-2　从欧洲宫廷服装中获得造型灵感 (徐昊凯)

(三)从建筑物中寻找造型灵感

建筑设计中面与面的分割组合，以及面与面的重叠、旋转，会形成新的结构，其具有的独特特征及类似结构，也可以启发服装设计者将其作为服装造型加以运用，如，服装轮廓线和结构线中借鉴建筑结构中的分割组合、重叠、交叉，会产生出不同服装造型形态，并呈现出富于雕塑感的服装造型。

图4-3是从建筑物中寻找到服装造型灵感的服装作品，其将特殊面料和局部装饰细节相混合，在体现新比例的同时展现了轮廓造型上的不同细节。

图4-3　从现代几何结构的建筑中获得服装造型灵感

(四)从民族服饰中寻找造型灵感

民族服饰形象是一个民族的民族文化与民族特征最直接的表达，蕴含着民族价值。保持民族服饰的原生态元素特点，在时尚发展的当今社会，越发显得宝贵。这些民族服饰承袭着传统的审美习俗，如中国的旗袍、印度的沙丽、俄国的高帽民族服、日本的和服等，在造型上都具有独有的特征。如图4-4所示，将中国传统藏族服饰袖子可穿脱的经典造型特点借鉴到女装中，巧妙塑造出一个层次丰富的肩袖穿插结构，展现出外观立体感更强的女装造型。

(五)从日常物品中寻找造型灵感

生活中常见的服装经过形状的放大、夸张以及重组后，可以形成新的造型款式。如雨伞、灯罩、生日蛋糕等造型，在保留部分原有特色之后经过新的细节改变，或者通过加大以及采用夸大的外形设计产生新的服装造型，也为服装构思增添了丰富的造型元素。(图4-5)

图4-4　从传统藏族服饰中获得服装造型灵感

二　服装造型的思维方法

当我们被一个真实可感的事物或某一理念、意象所吸引时，会用主观思维去再现其视觉形象，而不同的思维角度表现出的服装造型也不尽相同,这便是服装造型的思维方法。

(一)服装造型的构思理念

服装造型的构思由两个方面形成:其一是客观现实生活的提示;其二是设计师主观思想的反映。造型构思时首先把所产生的漫想记录下来，通过图形、文字、符号等形式记录，然后再对自己的设想进行各种组合，从而找到最佳的服装造型设计的方向,最终把感性的思维变成实物。从表面上看,服装造型设计似乎是一些单一元素的组合与表达,但其实质却是深刻地反映服装设计师转化直观物象的思维能力,因此,服装造型的创新理当是依靠设计思维的推动,并为人感知。

◆ 多层蛋糕造型

◆ 雨伞造型

◆ 瓷瓶造型

◆ 灯罩造型

图 4-5　从日常生活用品中获得服装造型灵感

(二)服装造型构思的思维方法

服装造型构思的思维方法是多元化的,在构思中学会如何取舍,把错综复杂的设计点整合起来,通过不同的渠道设计出来,最终把思维当中的符号语言变成真正的作品。

例如,运用逆向思维,选择与其相悖的途径则能独辟蹊径,打破原有的思维定势,在常规思路的基础上将两种相反的事物结合起来,置换主客观条件,使服装造型设计达到特殊的效果。比如,不是以一个特定的角度或者静止的角度考虑服装造型,而是拓展服装在被穿着后可以展现出来的全方位、多角度的动态服装造型,这样的思维方式往往能得到意想不到的新造型。又如,运用发散思维,以某一事物为思维中心或起点而做的各种可能性的联想、想象或设想,从一点向四面八方展开跳跃式的思维,用推测、想象、假设进行重新组合,再提炼,从而创造出更多、更新的设想或方案。如果我们以胶片作为设计灵感进行发散思维,首先我们要考虑胶片的本身形态、立体外部造型;其次还有局部细节特点、卷曲蓬松的造型等等。我们就可以通过这种形式进行发散的思维。

物有常理,思无定法。服装设计思维的多元化常常需要我们突破原有的框架和限制,将现存观念意识抛开,用一种新的立体视角来思考问题,通过直觉、想象思维方法,对历史与现状、东方与西方、传统与未来、科学与技术、民族与时尚、文化与潮流等问题进行全方位的思考,组织成更为丰富的服装整体造型。

三 服装造型的创新作品案例

(一)《岁月老唱片》系列服装作品

从 20 世纪 30 年代播放老唱片的留声机造型中获得灵感,提炼其优美弧线造型,运用柔软的针织演绎挺括的服装轮廓,展现刚柔并济而别具风韵的现代时尚女性风采。(图 4-6)

图 4-6 系列作品《岁月老唱片》(肖敏)

(二)《刀马旦》系列服装作品

本系列服装作品将传统的京剧及脸谱造型元素融入服装,强调京剧脸谱中饱满流畅的形态美感,并运用黑白分明的色彩作高强度的对比,凸显出传统与现代审美的完美交融。(图4-7)

图4-7　系列作品《刀马旦》(赵呈慧)

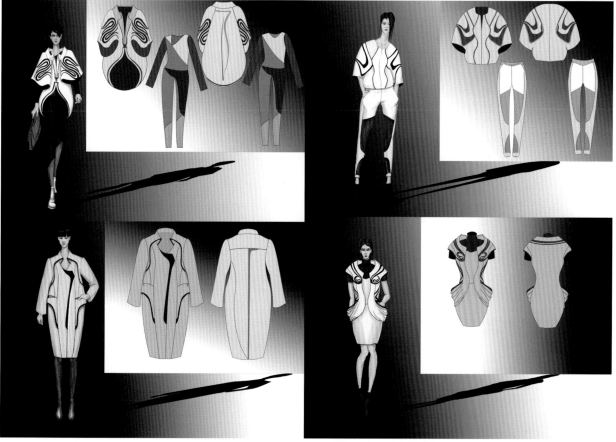

(三)《WHERE FROM? WHERE GO?》系列服装作品

本系列作品充分运用了古希腊自然披挂与悬垂的立体造型,并巧妙地融入未来主义色彩,整体紧身造型与局部披挂的蓬松造型形成了强烈的视觉张力,彰显了不同时代的人们对理性智慧之美的共同追求。(图4-8)

古希腊作为西方文明之源,散发着浪漫奔放而又果敢深沉的理性之美,在美学领域更是成就斐然。智慧的褶裥伴随躯体的变化产生微妙的律动,这是人体与服装的双重自由。现今,服装已依据人体工效学发展出了合体、立体的分割裁剪技术。不同的时空、不同的形式,却彰显着人类对理性、智慧之美的共同追求。

然而随着当今经济、科技的高速发展,人口膨胀、能源枯竭、气候变暖、灾害频发……这些地球危机迫使着人们深思自身的命运和地球的未来。人们在倡导环保节能的同时不禁再次将目光投向了浩瀚的宇宙,明天我们又该何去何从? 过度的科技化是否形成了污染,我们是否应该一味地追求单纯意义上的进步,未来面临的究竟是绝处逢生还是对人类本源的回归?

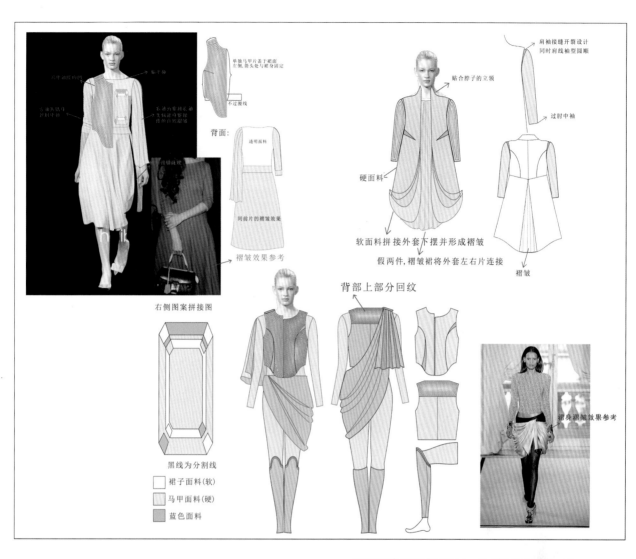

图 4-8　系列作品《WHERE FROM? WHERE GO?》(柯鸣鸣)

(四)《行走中的建筑》系列服装作品

本系列作品从建筑框架变形结构中获得灵感,注重立体的服装造型的比例及透视关系的变化,时而聚拢、时而扩散,其空间感的造型特征得到加强,表现出充满活力而富有张力的造型之美。(图4-9)

图4-9　系列作品《行走中的建筑》(唐蒙)

(五)《蜘语》系列服装作品

由蜘蛛与蜘蛛网之间的缠绕依附关系联想到人与服装的互动,蜘蛛网的造型构成服装设计的焦点,同时,这一系列服装造型也传达出人与服装之间静谧舒适且互为依存的本质特征。(图4-10)

设计思路:以人、蜘蛛、网三者为主体。表面是蜘蛛织网,来取得食物。本质上是人织网,最终缠绕的是自己。

图4-10 系列作品《蜘语》(陈梦琪)

(六)《源泉》系列服装作品

本系列服装造型从稍纵即逝的水墨流动轨迹中获得灵感,透明与半透明材质透叠,呈现出水墨交融般流畅舒展的造型轮廓,丰富的层次变化衬托出女性如水般婀娜婉约的特有魅力。(图 4-11)

束缚……

羁绊……

往往生活中事与愿违,想要的却得不到……

人们被一道道枷锁束缚着。残缺不全……冲动的思想应加入些许冷静……墨黑。深水绿……

图 4-11　系列作品《源泉》(成晓雪)

(七)《理》系列服装作品

本系列服装借鉴自然生物的结构来组织造型和色彩,用衣身形态的翻转、穿插及交错,试图体现自然万物内在的轮回理念,其蓝绿迷彩色数码印花与整体深蓝色调映衬出冷艳的理智女性形象。(图4-12)

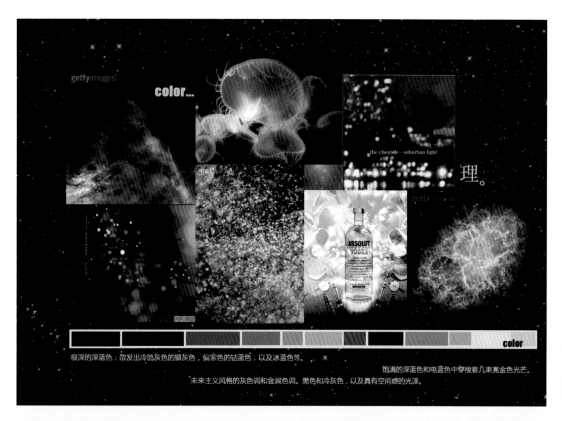

图 4-12　系列作品《理》(吴迪等)

思考

　　1. 什么是服装造型的构思？造型构思与哪些因素有关？

　　2. 服装造型还有哪些有利于拓展设计构思的思维方法？

练习

　　1. 服装造型构思练习

　　要求：同一主题下的服装造型构思，A4 大小，黑白线稿，并作简要设计说明。

　　2. 系列服装造型设计练习

　　要求：每系列 4 套服装，附主题版、色彩版及材质版，彩色效果图为主，并作简要设计说明。

第五章 服装造型表现的方式与过程

　　服装作为依附于人体的特定空间形态,其造型有平面制版与立体裁剪等多种表现方式,每种方式具有各自的优势与不足,不同的服装造型采用不同的方式,其表现过程或从局部到整体造型,或从整体再到局部造型,都是为了获得最佳的服装造型视觉效果。同时,现代成衣发展中人们运用立体裁剪技术,并结合一定的平面制版技术进行调整与修正,两者有机结合使得现代服装的立体造型更趋巧妙与完美。

一　服装造型的基本方式

(一)平面制版与立体裁剪相结合的方式表现服装造型

　　服装造型可以通过平面服装结构制版获得服装的立体造型,这种方式是实践经验的总结与升华,是较为传统的方式,按公式比例推算,在服装造型各个关键部位的松量控制上全凭经验,用公式加减得到,具有较强的操作稳定性,适合于成衣加工生产。但平面结构制版也存在不足之处,通过平面结构制图有时难以表现一些立体感较强的局部或整体造型,平面版型不便于把握一些翻转、打褶等复杂造型的处理,其操作过程也不便于直观地把握造型。

　　因此,现代服装造型往往通过平面制版与立体裁剪相结合的形式,充分发挥平面制版的准确性与立体裁剪的直观性,易于掌握与应用。(图5-1)

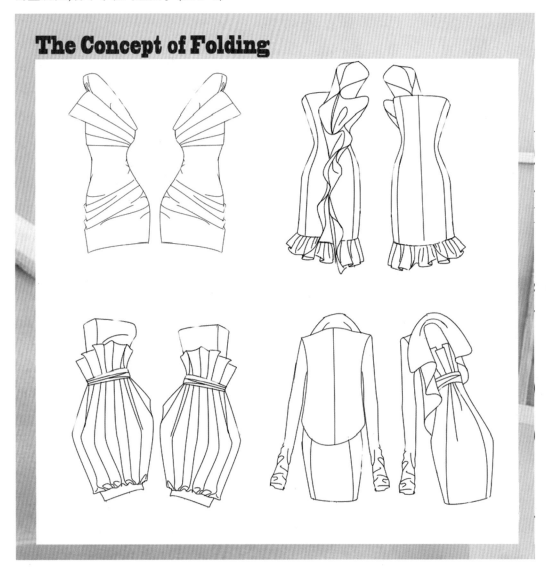

The Concept of Folding

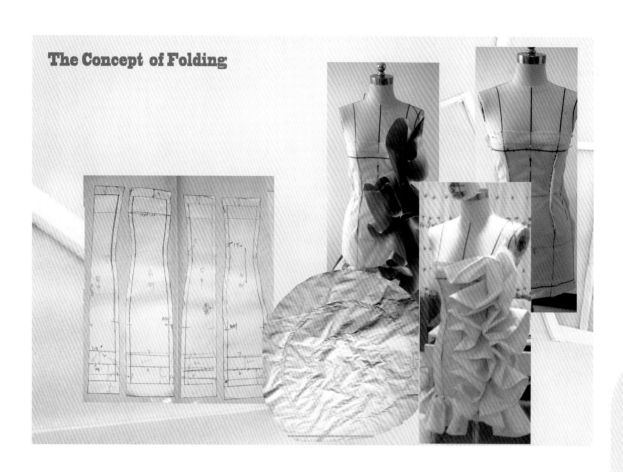

The Concept of Folding

The Concept of Folding

图 5-1 平面制版与立体裁剪结合的方式进行服装造型

(二)采用立体裁剪方式表现服装造型

　　立体裁剪方式是以人体为基础,在人台或人体模型上直接造型,完成造型与结构设计。这种方式较为直观,能自如地塑造出服装立体造型,已成为现代服装造型的一种有效方式。通过在人台或人模上制成预先构思好的服装造型,再取下布样,修正并转换成平面纸样。同时,还可以用来辅助修正平面版型,将平面裁剪得到的版型,放在立体人台上观察,进行立体检验确认,以便修正平面版型。

　　立体裁剪过程中根据效果随时调整造型、比例、松量,立竿见影,易于体会新造型的变化,便于把握一些夸张、复杂或不对称造型的处理,如褶皱领型、皱褶省量大小等,也有利于启发新的造型设计灵感。但这种方式也存在用料较多、费成本等缺点,且当立体裁剪得到的衣片太过复杂时,也不利于批量成衣加工。(图5-2)

图 5-2　通过立体裁剪方式来表现造型

二　服装造型表现实例及具体过程

服装立体造型表现是将平面二维的抽象构思转变成三维空间的具体的"型",依靠设计者巧妙地运用各种材料性能,在人台上根据造型需要完成立体造型的塑造,由于人台是静止的,所以立体造型时还需考虑活动的放松量的大小,如胸部、腰部等松份,熟悉和了解服装立体造型的具体过程对于服装局部与整体造型的表现十分重要。

(一)成衣造型表现过程

1. 实例一:

(1) 人台上进行样布造型。

在人台上完成标识后,将白色坯布按预先构思进行造型。确定前后衣身左侧的纵向弧形收腰省造型,并沿纵向弧线剪开,将另一边的衣片余量由小到大分别打褶,分成若干褶量藏于剪开的腰省线中。(图5-3)

(2)取下样布布样,得到平面版型并修正面料的立体造型效果。

再取下坯布布样,得到并修正平面版型,将平面版型平铺在面料上,转换为服装基础造型,并在人台上进一步修正完善。注意褶的分布走向及褶量都应与人体前胸形态自然吻合。后身立体造型同前身,后衣片左侧做腰省剪开并做出若干褶。(图5-4)

(3)服装作品最终造型的确定。(图5-5)

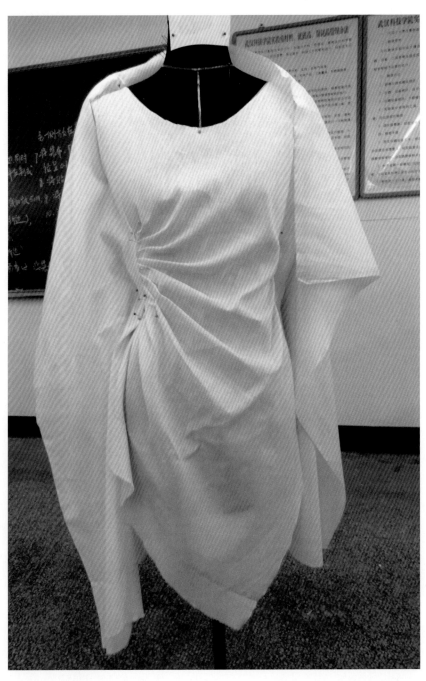

图5-3　人台上进行样布造型

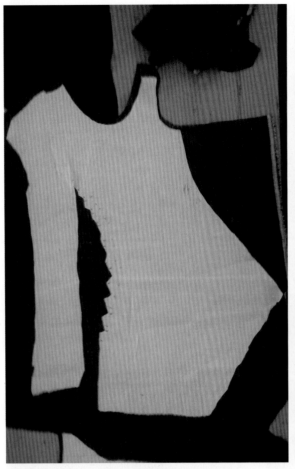

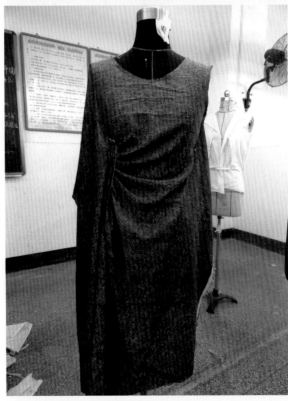

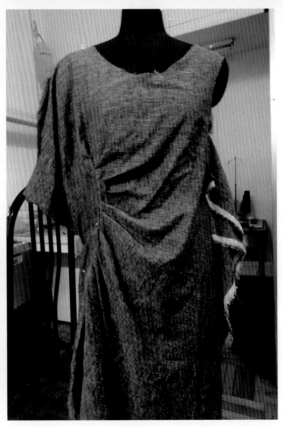

图 5-4　取得平面版型并修正

097

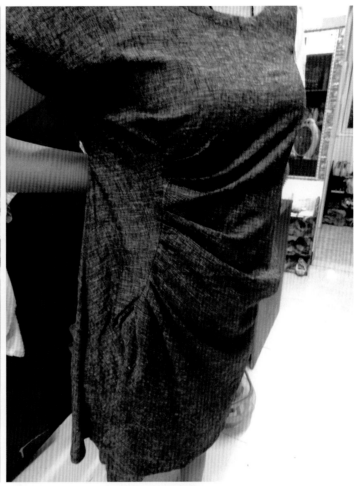

图 5-5　完成最终成衣造型

2. 实例二：

（1）领部及肩背部造型的立体表现

从领部及肩背部开始进行造型，前身采用一字形无领造型，在人台上确定领深及领宽位置，利用面料余量布局出立体领型，领片沿长至肩背部，形成大 V 形造型。（图5-6）

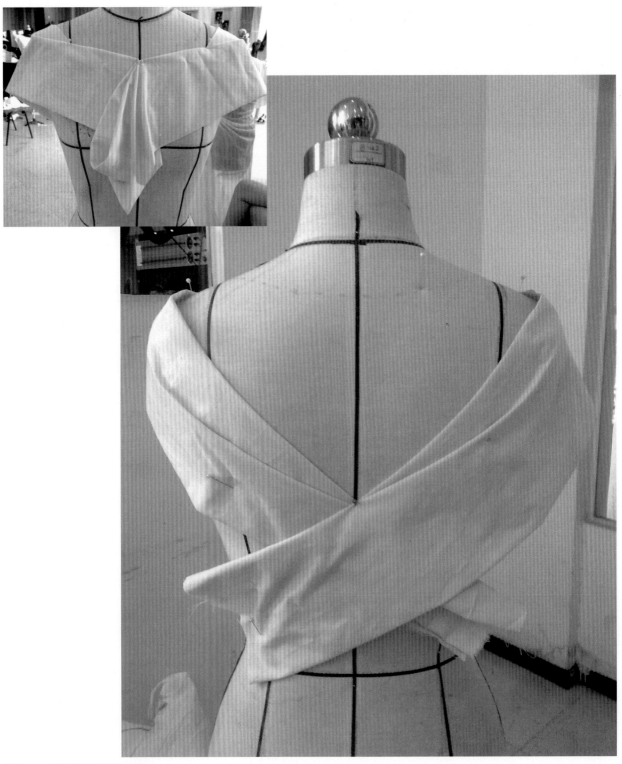

图5-6　领部及肩背部造型

（2）衣身造型的立体表现

裁剪前身的对称造型，并做适当腰部纵向收省，后身部分借用前衣片的面料，后背中空造型，使衣身为一整个裁片。（图5-7）

（3）裙身造型的立体裁剪

裙片上口边线与腰线吻合，对应上衣身的腰部收省处做2~3个小褶，后裙片腰部无褶造型，最后确定前后片的裙长。（图5-8）

（4）修正并完成整体造型

调整衣身与裙身的长宽比例，修正胸围、腰围及臀围的放松量，完成整体服装造型。（图5-9）

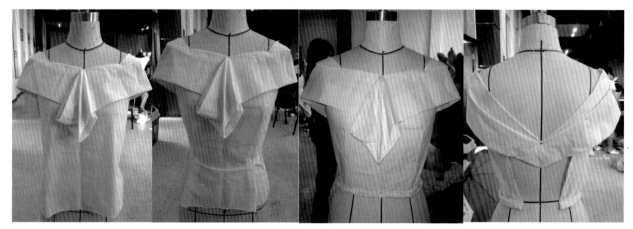

图5-7　衣身的立体造型

图5-8　裙身的立体造型

图5-9　整体造型的修正与完成

(二)创意服装造型的表现过程

创意服装作为一种独立艺术或是一种商业产品,主要针对当今社会存在的意识超前的一部分小众群体,服装造型及其传达的设计理念可以得到淋漓尽致的发挥。创意服装造型在选用材料范围上也较广,适合以立体裁剪的方式进行直观地造型,创意服装更多是在反复调整、寻找服装造型与材料的最佳结合形式的过程中磨炼出来的。

1. 实例一:

(1)服装造型的创意构思

由层层叠叠、深浅不一的花瓣形成立体花苞引发出创意构思,并通过服装造型来表现。(图5-10)

(2)服装材料及造型小样实验

在人台上制作出基本衣身原型,选择适合表现花瓣造型的宣纸材料,剪裁出花瓣造型,并用水溶性颜料由浅至深的逐一进行晕染实验。(图5-11)

(3)服装作品最终造型的确定

从正面、背面及侧面等多角度观察并调整每个花瓣造型,使之呈现自然和谐的视觉效果,完成最终的服装创意造型。(图5-12)

图5-10　服装造型的创意构思

图 5-11　材料的晕染及局部造型小样的实验

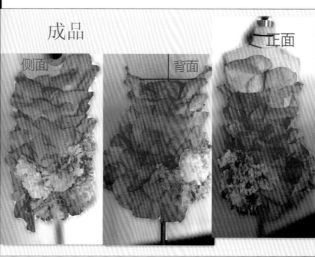

图 5-12　用宣纸材料完成的服装创意造型

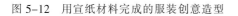

103

2. 实例二：

(1)创意材料的局部造型实验

在人台上用红色标识带标出预先构想造型的标识线,选择编织袋作为创意材料,根据这种材料可编织、易于塑形、具挺括性等特点进行局部造型实验。(图5-13)

(2)由上至下进行服装的立体造型

按照预先的创意构想由上至下进行服装的立体造型,编织手法装饰前胸及后背的造型线。(图5-14)

(3)修正并完成服装最终的立体造型

修正并完成整体造型,尤其是胸围、腰围及臀围的比例,使腰线美观合体。裙身采用一侧膨起褶饰、一侧贴体的不对称造型,具有较强的韵律感与空间造型美感。(图5-15)

图5-13 创意材料的局部造型实验

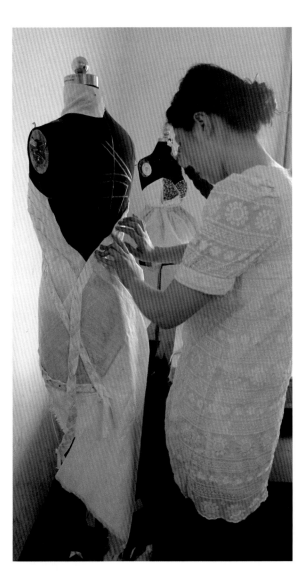

图 5-14　由上至下进行立体造型的过程

图 5-15　利用编织袋材料完成的创意服装造型

思考

　　1. 服装造型方式有几种？各有哪些优势与不足之处？

　　2. 服装立体造型过程中需要注意哪些问题？可以做哪些变化设计？

练习

　　1. 选择一款成衣作品模拟立裁造型表现

　　要求：选择一款你较为喜欢的成衣作品图片，分析其造型结构与表现方法后，选择相仿的面料，运用立裁方式完成服装整体造型的模拟制作与表现。

　　2. 一款创意服装造型的立体表现

　　要求：制作材料不限，构思新颖，服装立体造型具有一定的空间感与创新性。

高等院校服装专业教程
服装造型表现

图书在版编目(CIP)数据

服装造型表现 / 刘重嵘, 张旎编著. —— 重庆：西南师范大学出版社, 2013.8
（高等院校服装专业教程系列丛书）
ISBN 978-7-5621-6321-3

Ⅰ.①服… Ⅱ.①刘… ②张… Ⅲ.①服装设计–造型设计–高等学校–教材 Ⅳ.①TS941.2

中国版本图书馆 CIP 数据核字(2013)第 146482 号

高 等 院 校 服 装 专 业 教 程
服装造型表现

编 著 者：刘重嵘　张　旎
责任编辑：王　煤
封面设计：乌　金　晓　町
装帧设计：梅木子
出版发行：西南师范大学出版社
　　　　　网址：www.xscbs.com
　　　　　中国·重庆·西南大学校内
邮　　编：400715
经　　销：新华书店
制　　版：重庆海阔特数码分色彩印有限公司
印　　刷：重庆长虹印务有限公司
开　　本：889mm×1194mm　1/16
印　　张：7
字　　数：216 千字
版　　次：2013 年 9 月第 1 版
印　　次：2013 年 9 月第 1 次印刷
书　　号：ISBN 978-7-5621-6321-3

定　　价：42.00 元